Aveuya Peter Terhemba
Sekav Joshua Ikwe
Wilson Ushahemba Kulugh

Ameaças ocultas: A Prevalência de Parasitas Gastrointestinais em Cães

Aveuya Peter Terhemba
Sekav Joshua Ikwe
Wilson Ushahemba Kulugh

Ameaças ocultas: A Prevalência de Parasitas Gastrointestinais em Cães

ScienciaScripts

Imprint

Cover image: www.ingimage.com

This book is a translation from the original published under ISBN 978-620-8-22457-8.

Publisher:
Sciencia Scripts
is a trademark of
Dodo Books Indian Ocean Ltd. and OmniScriptum S.R.L publishing group

120 High Road, East Finchley, London, N2 9ED, United Kingdom
Str. Armeneasca 28/1, office 1, Chisinau MD-2012, Republic of Moldova, Europe
Printed at: see last page
ISBN: 978-620-8-30169-9

AMEAÇAS OCULTAS: A PREVALÊNCIA DE PARASITAS GASTROINTESTINAIS EM CÃES

KULUGH WILSON USHAHEMBA

JOSEPH SARWUAN TARKA UNIVERSITY, MAKURDI, NIGÉRIA KULUGHWILSON1@GMAIL.COM

+234 901 914 4058

RESUMO

Os parasitas gastrointestinais são vermes ou animais unicelulares que habitam ou povoam o trato intestinal, causando assim gastroenterite. A investigação foi orientada para desvendar a prevalência de parasitas gastrointestinais entre 104 cães residentes em quatro comunidades (Palm Street, Atakpa street, Anantigha e Atamunu) na área do Governo Local do Sul de Calabar do estado de Cross River, Nigéria, utilizando técnicas de microscopia. Os resultados mostraram que, de 104 cães, 73 cães (70,19 %) eram positivos para parasitas gastrointestinais. O resultado revelou uma elevada presença de parasitas gastrointestinais, como se segue: Toxocaracanis (41%), Ancylostoma caninum (4%), Trichuris vulpis (17%), Dipylidium caninum (17%) e Cystoisospora (14%). Além disso, os cães machos estavam menos infectados (42,47%) do que as fêmeas (57,53%). A prevalência da infeção por género e comunidade foi estatisticamente significativa ($p < 0,05$). Assim, este estudo conseguiu revelar uma elevada endemicidade da infeção por parasitas gastrointestinais entre cães em quatro comunidades (Palm Street, Atakpa street, Anantigha e Atamunu) na área do Governo Local do Sul de Calabar do estado de Cross River, Nigéria.

NOTA DO EDITOR

Como donos de animais de estimação, é frequente regarmos os nossos amigos peludos com amor, carinho e atenção. No entanto, existem ameaças ocultas que podem comprometer a saúde e o bem-estar dos nossos queridos companheiros caninos. Os parasitas gastrointestinais representam um risco significativo para cães de todas as raças e idades, mas a sua prevalência e impacto são por vezes subestimados ou ignorados. Neste artigo perspicaz, mergulhamos no mundo dos parasitas gastrointestinais em cães, lançando luz sobre a importância das medidas preventivas e dos check-ups veterinários regulares para salvaguardar a saúde dos nossos animais de estimação. Os parasitas gastrointestinais, tais como lombrigas, ancilóstomos, vermes e ténias, podem habitar silenciosamente o sistema digestivo de um cão, causando uma série de problemas de saúde, desde um ligeiro desconforto a uma doença grave, se não forem tratados. Estes parasitas não são apenas prejudiciais para o cão infetado, mas também representam riscos potenciais para a saúde humana, especialmente para as crianças, que podem entrar em contacto com o solo ou fezes contaminados. Através da sensibilização e da educação sobre a prevalência e as consequências dos parasitas gastrointestinais, os donos de animais podem tomar medidas proactivas para proteger tanto os seus amigos de quatro patas como as suas famílias. A desparasitação regular, a manutenção de um ambiente de vida limpo e a prática de bons hábitos de higiene são estratégias essenciais para combater a ameaça dos parasitas gastrointestinais nos cães. Através de parcerias com veterinários, mantendo-se informados sobre as práticas de cuidados preventivos e observando quaisquer alterações no comportamento ou na saúde dos seus animais de estimação, os donos podem ajudar a detetar e tratar precocemente as infecções parasitárias, garantindo o bem-estar e a longevidade dos seus companheiros caninos. Vamos dar as mãos para aumentar a consciencialização sobre esta ameaça oculta e tomar medidas proactivas para manter os nossos cães saudáveis e felizes.

Estêvão Akule

Hospital Universitário da Universidade do Estado de Benue, Makurdi, Nigéria

+234 703 513 9897

Editor

CAPÍTULO UM
INTRODUÇÃO

1.1 Antecedentes do estudo

Os cães são os canídeos mais bem sucedidos adaptados à habitação humana em todo o mundo. A inteligência destes animais foi explicada pelo homem, o que tornou os cães úteis ao homem para várias actividades, incluindo a caça, a recuperação, o pastoreio, as operações de salvamento, o seguimento e a orientação. Os cães são também considerados amigos leais e compatriotas do homem (Eguia-Aguilar et al., 2015). Apesar dos benefícios substanciais decorrentes do facto de se ter um cão. Os cães também actuam como reservatório de um grande número de zoonoses parasitárias, como a Toxocaríase e a Aancilostomose, especialmente nos países em desenvolvimento e nas comunidades socioeconomicamente desfavorecidas (Minaaret al., 2022).

Os parasitas gastrointestinais são vermes (helmintos) ou animais unicelulares (protozoários) que habitam ou povoam o trato intestinal, causando assim gastroenterite (Dada et al., 2019).

Os parasitas helmínticos comuns dos cães são os vermes redondos (Toxocaracanis, strongyloidesstercoralis), ancilostomídeos (Ancylostoma caninum, Ancylostomabraziliense e Uncinariastenocephala), tricurídeos (Trichuris vulpis) e ténias (Dipylidium caninum). O impacto dos helmintes gastrointestinais na saúde dos cães varia consoante a espécie do parasita, a intensidade da infeção e a saúde geral do hospedeiro (Mahmud et al., 2012). Os sinais clínicos comuns incluem vómitos, diarreia, perda de peso e uma aparência barriguda nos cachorros. As infecções graves podem levar a anemia, letargia e, em casos extremos, à morte (Okoye et al., 2011). As infecções crónicas podem enfraquecer o sistema imunitário, tornando os cães mais susceptíveis a outras doenças e a infetar os seres humanos, o que representa um risco significativo para a saúde pública, especialmente em áreas onde os seres humanos e os cães vivem em estreita proximidade. As crianças são especialmente vulneráveis a infecções zoonóticas devido aos seus hábitos de brincar em solos contaminados e ao seu sistema imunitário subdesenvolvido (Sowemimo, 2017). Por exemplo, a infeção humana com Toxocaracanis pode levar a condições graves, como a larva migrans visceral, em que as larvas migram através de vários órgãos, e a larva migrans ocular, que pode causar deficiência visual ou cegueira (Tenguriaet al., 2011).

Além disso, os helmintes gastrointestinais são uma grande preocupação para a saúde dos cães domésticos em todo o mundo. Estes vermes parasitas incluem uma variedade de espécies que habitam o trato digestivo dos seus hospedeiros (Ramirez-Barrios et al., 2014), causando numerosos problemas de saúde que podem ir desde um ligeiro desconforto a uma doença grave e são críticos devido ao seu impacto significativo na saúde animal, ao seu potencial para causar doenças zoonóticas e ao encargo económico que impõem aos proprietários de animais de companhia e aos serviços veterinários.Os helmintes parasitas estão entre os agentes causadores de doenças mais frequentemente encontrados em cães de todo o mundo, especialmente no que diz respeito a patologias do trato intestinal. Os parasitas afectam cães de todas as idades, incluindo cães de núcleo e cães de rua. Por vezes, os cães podem ser infectados sem evidência aparente da presença dos parasitas (Sowemimo e Asaolu, 2008). As infecções por várias espécies destes helmintas impedem o sucesso da criação de cães, resultando em perdas manifestadas pela diminuição da resistência a outros agentes infecciosos, crescimento deficiente, perda de peso, redução do trabalho e da eficiência alimentar, problemas gerais de saúde e, por vezes, morte se não forem tratadas (Asanga et al., 2014). Além disso, alguns helmintas parasitas de cães são zoonóticos, causando muitas doenças no homem, como a hidatidose causada por espécies de Echinococcus, a larva migrans visceral causada por Toxocaracanis e a larva migrans cutânea causada por Ancylostomaspecies (Arene, 2004). Uma vez que os cães vivem em estreita proximidade com os seres humanos, a contaminação dos alimentos, da água e das mãos do homem com fases infecciosas destes helmintos gastrointestinais (GI) pode levar a estas infeções com consequências graves (Ezema et al.,2019). Alguns parasitas, como Echinococcus granulosus, também utilizam animais de alimentação como hospedeiros intermediários, causando grandes perdas económicas através da condenação de órgãos durante a inspeção da carne (Asanga et al., 2014). Foi demonstrado que a prevalência de helmintos parasitas varia consideravelmente de uma região geográfica para outra, dependendo dos géneros de helmintos envolvidos, das espécies animais e das condições ambientais locais, como a humidade, a temperatura, a precipitação, a vegetação e as práticas de gestão (Idikaa, et al.,2017). Além disso, o clima desempenha um papel crucial nos ciclos de vida dos helmintos. Os climas quentes e húmidos, como o de Calabar Sul, proporcionam condições ideais para a sobrevivência e transmissão de muitas espécies de helmintos (Ibohet al., 2014). Por exemplo, os ovos de Ancylostoma caninum eclodem mais facilmente em solo húmido, permitindo que as larvas infectem cães através da penetração da pele. Da mesma forma, a transmissão do Dipylidium caninum é facilitada pela presença de pulgas, que se desenvolvem em climas quentes. Muitos helmintes têm ciclos de vida complexos que envolvem múltiplos hospedeiros e estádios (Martinez-Moreno et al., 2007). Cestódeos como o Dipylidium caninum necessitam de um hospedeiro intermediário (pulgas) para completar o seu ciclo de vida, enquanto nemátodos como o Toxocaracanis podem ser transmitidos por via transplacentária da mãe para o cachorro, assegurando elevadas taxas de prevalência em cães jovens (Adejoke, 2005).

1.2 Justificação do estudo

A disponibilidade de cuidados veterinários, a consciencialização do público e as práticas de higiene têm um impacto significativo na prevalência de helmintas gastrointestinais. Em regiões com acesso limitado a serviços veterinários, é menos provável que os cães recebam tratamentos regulares de desparasitação, aumentando a prevalência de infecções por helmintos. As más práticas de saneamento e higiene também podem contribuir para a propagação destes parasitas, uma vez que os ovos de helmintes são frequentemente transmitidos através de solo ou alimentos contaminados (Ugbomoikoet al., 2018). Os helmintas parasitas gastrointestinais de cães são atualmente endémicos no país. Algumas das infecções emergentes devem-se às condições socioeconómicas prevalecentes que tornaram difícil para muitos donos de cães fornecer adequadamente alimentos, abrigo e necessidades básicas de saúde para os seus cães. Isto resultou no aumento do número de cães a procurar comida nas ruas e no aumento do risco de infeção entre as comunidades (Onyenwe e kpegbu, 2014). Os efeitos dos parasitas nos cães resultam num fraco desempenho dos animais infectados, o que leva a grandes perdas económicas (Adamu et al., 2012). Em segundo lugar, podem transmitir doenças que podem infetar o homem. Por conseguinte, é imperativo compreender o tipo de parasita que infecta os cães em qualquer momento, uma vez que os parasitas dos cães, tal como a maioria dos outros parasitas, se tornaram dinâmicos na sua distribuição, dependendo de uma variedade de factores ambientais em constante mudança, o que dificulta o controlo (Sowemimo e Asaolu, 2008).

1.3 Importância do estudo

Compreender a prevalência e os tipos de helmintas gastrointestinais em cães é fundamental para que os veterinários possam desenvolver protocolos eficazes de tratamento e prevenção. Este estudo fornecerá dados valiosos que podem ajudar a melhorar as medidas de diagnóstico, terapêuticas e profilácticas na prática veterinária local e contribuirá para o conjunto de conhecimentos existentes sobre infecções parasitárias em cães, particularmente em regiões tropicais como Calabar South. Tem também implicações significativas para a saúde pública. Ao identificar a prevalência de helmintos zoonóticos na população canina, as autoridades de saúde pública podem avaliar melhor o risco para as populações humanas e implementar intervenções adequadas.

1.4 Objetivo geral

Determinar a prevalência de parasitas gastrointestinais em cães encontrados em algumas comunidades da Área do Governo Local do Sul de Calabar, Estado de Cross River.

1.5 Objectivos específicos

✓ Determinar a prevalência de parasitas em cães encontrados na área governamental local de Calabar South, com base no género.

✓ Determinar a prevalência de parasitas em cães na área governamental local de Calabar South, Estado de Cross River, com base nas comunidades.

✓ Determinar as classes de parasitas gastrointestinais encontrados nos cães.

1.6 Importância do estudo

O estudo tem uma importância significativa por várias razões. Em primeiro lugar e acima de tudo, tem implicações para a saúde pública, uma vez que os parasitas gastrointestinais dos cães podem representar riscos para a saúde dos seres humanos, especialmente em comunidades onde os animais de estimação e as pessoas interagem estreitamente. A compreensão da prevalência destes parasitas pode informar as estratégias de saúde pública destinadas a prevenir doenças zoonóticas. Além disso, a identificação da prevalência de parasitas gastrointestinais é crucial para melhorar a saúde e o bem-estar dos cães nas populações locais. Este conhecimento pode levar a melhores cuidados veterinários e protocolos de tratamento, reduzindo, em última análise, o sofrimento dos animais afectados. Além disso, os resultados deste estudo podem servir de base para iniciativas de educação comunitária. Ao aumentar a consciencialização sobre os riscos associados aos parasitas gastrointestinais, os donos dos animais podem ser encorajados a tomar medidas preventivas, tais como check-ups veterinários regulares e práticas de saneamento adequadas. O estudo também pode fornecer dados valiosos para os veterinários adaptarem as suas abordagens ao diagnóstico e tratamento destes parasitas, conduzindo a melhores estratégias de gestão e a melhores resultados para os cães afectados. Por último, os conhecimentos adquiridos com esta investigação podem contribuir para estudos mais amplos sobre a saúde e o bem-estar dos animais, influenciando potencialmente as políticas relacionadas com a posse de animais de companhia, o controlo dos animais e os regulamentos de saúde pública na comunidade. Em resumo, este estudo não só aborda uma questão crítica que afecta as populações locais de cães, mas também tem implicações de longo alcance para a saúde pública, o bem-estar animal, a educação da comunidade, as práticas veterinárias e o desenvolvimento de políticas.

1.7 Definição de termos-chave

1. **Parasita intestinal:** Um parasita intestinal é um organismo que vive dentro ou sobre o trato gastrointestinal de outro organismo (o hospedeiro) e dele se alimenta. Esses parasitas podem ser classificados em duas categorias principais: helmintos (organismos multicelulares, como vermes) e protozoários (organismos unicelulares). Os helmintos mais comuns são as ténias, as lombrigas e os vermes, enquanto os protozoários são a Giardia e o Cryptosporidium.

2. **Helmintos:** Os helmintos são vermes parasitas que habitam os intestinos. São divididos em três grupos: nemátodos (vermes redondos), cestóides (ténias) e tremátodos (vermes chatos). A maioria dos helmintes não se pode reproduzir no corpo humano; em vez disso, põem ovos que são expelidos através das fezes, que podem depois infetar novos hospedeiros.

3. **Protozoários:** Os protozoários são organismos unicelulares que se podem multiplicar no corpo do hospedeiro. Podem causar uma variedade de infecções gastrointestinais, com espécies comuns

incluindo Giardia intestinalis e Entamoeba histolytica. Estas infecções podem provocar sintomas como diarreia, dores abdominais e desnutrição.

4. **Helmintíase:** Os sintomas podem variar consoante o tipo de verme envolvido e podem incluir problemas gastrointestinais, deficiências nutricionais e até anemia em casos graves.

5. **Doenças zoonóticas:** São doenças que podem ser transmitidas dos animais para os seres humanos. Os parasitas intestinais dos cães podem representar um risco de transmissão zoonótica, o que realça a importância de compreender a sua prevalência nas populações caninas locais.

6. **Transmissão fecal-oral:** Esta é uma via comum para a propagação de parasitas intestinais, em que os ovos ou quistos das fezes infectadas contaminam os alimentos ou as fontes de água, conduzindo a novas infecções quando ingeridos.

7. **Má absorção:** Esta condição ocorre quando os intestinos não conseguem absorver os nutrientes de forma eficaz devido à presença de parasitas, levando à desnutrição e a problemas de saúde relacionados, particularmente em populações vulneráveis como as crianças.

CAPÍTULO DOIS

2.1 Revisão da literatura

Os helmintes gastrointestinais, também conhecidos como vermes parasitas, estão entre os parasitas mais importantes que afectam os cães domésticos em todo o mundo. Estes parasitas incluem nemátodos (lombrigas), cestodes (ténias) e tremátodos (vermes), que residem no trato gastrointestinal dos seus hospedeiros (Yacob et al., 2007). O estudo destes parasitas é crucial devido ao seu impacto na saúde e no bem-estar dos cães, que são frequentemente considerados animais de companhia e de trabalho valiosos. As infecções parasitárias em cães podem levar a uma série de sintomas clínicos, desde um ligeiro desconforto gastrointestinal a uma desnutrição grave, anemia e mesmo à morte em casos não tratados(Martinez-Moreno et al., 2007). Para além disso, vários helmintas gastrointestinais são zoonóticos, o que significa que podem ser transmitidos dos animais para os seres humanos, representando riscos para a saúde pública. Por exemplo, a Toxocaracanis, uma lombriga comum nos cães, pode causar larva migrans visceral e ocular nos seres humanos, afectando particularmente as crianças (Odeniran e Ademola, 2013).

2.2 Prevalência de parasitas gastrointestinais em cães

De acordo com Armstronget al., (2018), a prevalência geral de helmintos gastrointestinais entre os 228 cães amostrados em ambas as placas de abate de Uguwankare e Kurum foi de 60,53% (138/228), sendo que a prevalência de cestodes foi a seguinte: T. pisiformis (36,84%), D. caninum (12,72%) e E. granulosus (1,75%). Os nemátodos encontrados foram T. canis (4,83%), A. caninum (3,51%) e T. vulpis (0,88%). No norte da Nigéria, Katagiri et al., (2008) referiram a prevalência e a importância para a saúde pública dos óvulos de helmintas nas fezes de cães depositadas nas ruas de Zaria, enquanto Moro et al., (2019) registaram uma prevalência de 64,7% entre os depósitos fecais de cães examinados no vale do rio Hawal, na Nigéria. Mukaratirwa referiu que as espécies de Ancylostoma, Toxocara e Dipylidium são os parasitas helmínticos gastrointestinais de cães vadios mais amplamente distribuídos a nível mundial. De acordo com Asanoet al., (2011), a sua investigação mostra que as cadelas tinham uma taxa de infeção significativamente mais elevada (65,38%) do que os cães machos (55,10%). Entre os céstodes que infectaram cães machos, a Taenia pisiformis infectou 34,69%, o D. caninum 11,22% e o E. granulosus 1,02%. Os nemátodos registados nos cães machos foram A. caninum e T. Canis com uma taxa de infeção de 4,08% cada. Entre as cadelas, T. Pisiformis também registou a prevalência mais elevada de 38,46%, D. caninum com 13,85% e E. granulosus 2,31%. Enquanto a infeção por nemátodos causada por T. Canis registou a prevalência mais elevada de 5,38%, a infeção por ancilostomídeos teve a ocorrência mais elevada (22,2%), seguida de ovos de taeniídeos (19,4%), enquanto Strongyliodesspp teve a menor ocorrência (12,9%).

De acordo com Anosike et al., (2004), a idade dos cães desempenha um papel importante no parasitismo. Os que têm menos de 36 meses e os que têm mais de 36 meses. Dos 554 espécimes de cães amostrados, 388 e 166 pertenciam à faixa etária de 0-36 meses e 37 meses ou mais, respetivamente. Foram registadas prevalências de 87,1% e 69,9% para os cães nos grupos etários dos 0-36 meses e dos 37 meses ou mais, respetivamente. Um estudo de Ibohet al., (2020), revelou uma prevalência global de 38%, que é inferior ao relatório de Umoh e Asake, 2016, que registou uma prevalência de 83% para a área de Zaria, assim como Olufemi e Babode 2017 e Mahmud et al. 2018, que registaram uma prevalência de 86,9% e 72,5% no estado de Calabar e Sokoto, na Nigéria. No entanto, está estreitamente relacionado com o relatório de Kamani et al. 2019, que registou uma prevalência de 37% em Vom, na Nigéria.

De acordo com Nash, (2011), os parasitas intestinais identificados no seu estudo incluem Ancylostomaspp, Toxocaraspp, Diphylidium spp, Isospora spp e Taenia spp, e Taenia spp. Os parasitas intestinais mais frequentemente observados no estudo foram Ancylostomaspp 52 (54,8%) seguido por Toxocaraspp, Diphylidumspp, Isosporaspp e Taenia spp com 14 (14,7), 12 (12,6) 10 (10,5%) e 7 (7,3%) respetivamente. Os parasitas mais frequentemente encontrados neste estudo foramAncylostomaspp (54,8%), Asanga et al.,(2014) estudos identificaram algumas outras espécies de helmintos gastrointestinais como espécies de Ascaris, Trichuris trichiura ,Taenia species, Mesocestoides species, Toxascaris leonine, Uncinariastenocephala, Trichinella species, e Heterophyesheterophyes. Observou-se que a distribuição e a prevalência destes parasitas diferem ligeiramente de uma área de estudo para outra.

2.3 Nemátodos (Toxocaracanis)

O T. canis, também conhecido como lombriga do cão, é um parasita helmíntico de distribuição mundial que infecta principalmente cães e outros canídeos, mas que também pode infetar outros animais, incluindo os seres humanos. O nome deriva da palavra grega "toxon", que significa arco ou aljava, e da palavra latina "caro", que significa carne. O T. canis vive no intestino delgado do hospedeiro definitivo. Este parasita é muito comum em cachorros e um pouco menos comum em cães adultos. Em cães adultos, a infeção é geralmente assintomática, mas pode ser caracterizada por diarreia. Em contrapartida, a infeção não tratada com Toxocaracanis pode ser fatal nos cachorros, causando diarreia, vómitos, pneumonia, aumento do abdómen, flatulência, baixa taxa de crescimento e outras complicações (Christophe et al., 2015). Como hospedeiros paraténicos, vários vertebrados, incluindo os seres humanos, e alguns invertebrados podem ser infectados. Os seres humanos são infectados, tal como outros hospedeiros paratónicos, pela ingestão de ovos embrionados de T. canis. A doença (toxocaríase) causada por larvas migratórias de T. canis resulta em duas síndromes: larva migratória visceral e larva migratória ocular. Devido à transmissão da infeção da mãe para os cachorros, recomenda-se vivamente o tratamento anti-helmíntico preventivo dos cachorros recém-nascidos. Vários medicamentos anti-helmínticos são eficazes contra vermes adultos, por exemplo, fenbendazol, milbemicina, moxidectina, piperazina, pirantel e selamectina (Christophe et al., 2015).

2.4 Ancylostoma caninum

O A. caninum é uma espécie de nemátodo conhecida como ancilóstomo, que infecta principalmente o intestino delgado dos cães. O resultado da infeção por A. caninum varia desde casos assintomáticos até à morte do cão; uma melhor alimentação, o aumento da idade, a exposição prévia ao A. caninum ou a vacinação estão todos associados a uma maior sobrevivência. Outros hospedeiros incluem carnívoros, como lobos, raposas e gatos, tendo sido registado um pequeno número de casos em humanos. As condições quentes e húmidas são importantes para permitir a sobrevivência do A. caninum durante as fases de vida livre do seu ciclo de vida, pelo que está largamente restringido a regiões temperadas, tropicais e subtropicais (Christophe et al., 2015).

2.5 Cestode (Dipylidium caninum)

O D. caninum (ténia canina ou ténia de dois poros) é um cestode intestinal comum em cães e gatos domésticos que pode infetar crianças que ingerem pulgas. O escólex do verme adulto tem quatro ventosas e está armado com até sete filas de ganchos. A cadeia de ténia de 15cm a 70cm (i.e., estróbilo) é constituída por cerca de 150 proglótides. As proglótides, que são altamente móveis, são passadas inteiras nas fezes e facilmente observadas nas fezes; mais tarde desintegram-se no solo para libertar os seus ovos. Os ovos só se desenvolvem em larvas cisticercóides se forem consumidos pelas pulgas na fase larvar. O ciclo de vida completa-se quando uma pulga infetada é ingerida por um cão ou gato durante as suas actividades de higiene (Christophe et al., 2015).

CAPÍTULO TRÊS
MATERIAIS E MÉTODOS

3.1 Área de estudo

Esta investigação foi levada a cabo em quatro comunidades (Palm Street, Atakpa street, Anantigha e Atamunu) na Área de Governo Local Sul de Calabar do Estado de Cross River. A Área de Governo Local de Calabar Sul do Estado de Cross River está localizada a 8° 19' e 8° 21' de longitude a leste do meridiano de Greenwich e a 4° 54' e 4° 58' de latitude a norte do equador, com uma população total de 503 819 habitantes, de acordo com o censo populacional de 2006 (Projeto de Desenvolvimento do Estado de Cross River 2007). O grande rio Kwa situa-se no flanco oriental da região, enquanto o estuário do rio Cross e o Oceano Atlântico se situam na parte sul da região. A região tem um clima de tipo subequatorial. Regista uma temperatura moderadamente elevada que varia entre 27°C e 35°C. A precipitação média anual situa-se entre 2000 e 3500 mm e a humidade relativa é de 80 a 100 por cento ao longo do ano (NIMET, 2015). Esta área é geralmente afetada pelas condições meteorológicas devido à sua localização costeira única e à elevada precipitação associada à sua localização ao longo da faixa de floresta tropical. Caracteriza-se por uma precipitação que começa no mês de abril a outubro, atingindo o seu clímax nos meses de junho e setembro. Os restantes quatro meses constituem a estação seca, com o vento Harmattan a soprar sobre a região. (www.google.com Relatório meteorológico de Calabar 2011).

A vegetação da área de estudo é constituída principalmente por florestas ribeirinhas e pântanos de água doce. Além disso, estão presentes na área algumas espécies derivadas de vegetação de savana, cultigens e árvores/arbustos ornamentais/avenidas.

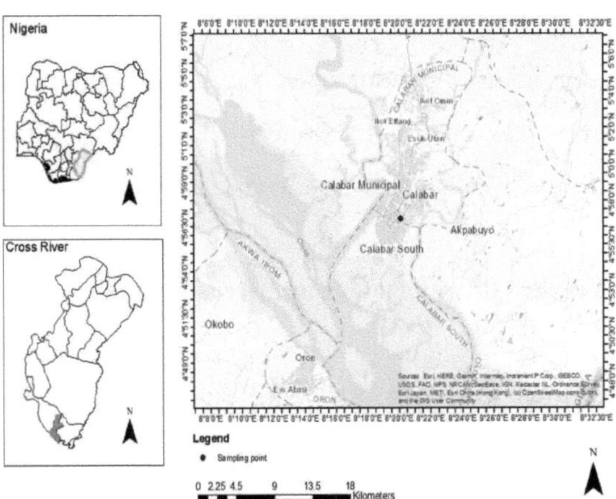

Fig. 1 Mapa do ponto de amostragem.

3.2 Animais de estudo

Os cães estudados eram cães domésticos de quatro comunidades (Palm Street, Atakpa, Anantiga e Atamunu) do sul de Calabar, com idades compreendidas entre as 6 semanas e os 10 anos.

3.3 Recolha de amostras

Foram distribuídos aleatoriamente 104 frascos de amostragem aos membros dos agregados familiares dos proprietários de cães nas comunidades e foram recolhidas aleatoriamente amostras fecais frescas, que foram introduzidas em frascos limpos e rotulados. As amostras fecais foram colhidas diretamente do reto dos cães ou de material fecal fresco do chão das gaiolas ou do solo (cachorros), sendo depois transferidas para um frasco de amostragem rotulado e descartável. As amostras foram conservadas em formaldeído antes de serem transportadas para o Laboratório de Ciências Biológicas da Universidade de Cross River State Calabar, Cross River State.

3.4. Procedimento de análise das amostras

Foi preparado um esfregaço direto utilizando solução salina normal para observação microscópica, colocando uma gota da amostra emulsionada numa lâmina de vidro microscópica estéril. Uma amostra de 2g de fezes foi emulsionada com 4ml de solução salina normal, após o que foram adicionadas algumas gotas de solução de iodo. A mistura foi então coberta com uma lâmina de cobertura. Os esfregaços resultantes foram observados ao microscópio utilizando a objetiva de 40x para identificação detalhada dos ovos de helmintas, que foram identificados utilizando caraterísticas taxonómicas padrão (Cheesbrough, 2002).

3.5Análise estatística

Os dados gerados pelo estudo foram analisados utilizando o software Statistical Package for Social Sciences (SPSS) Computer, versão 25.

A prevalência foi calculada como o número de cães infectados dividido pelo número de cães examinados e expressa em percentagem através da multiplicação por 100. O teste do qui-quadrado foi utilizado para testar a associação entre a prevalência de helmintas intestinais em cães e factores como o sexo e as comunidades.

CAPÍTULO QUATRO

RESULTADOS

Tabela 1. Prevalência de parasitas gastrointestinais de cães na área do governo local de Calabar South, estado de Cross River, Nigéria.

No. examined	Infected	Non infected	Prevalence
104	73(70.19%)	31(29.80)	70.20%

O quadro 1 mostra que, das 104 amostras de fezes de cães analisadas, 73 (70,20%) estavam infectadas com parasitas gastrointestinais.

2a. Taxa de prevalência do parasita gastrointestinal em função do género

Género	Não examinado	Não infetado
Masculino	39	31(42.47%)
Feminino	65	42(57.53%)
Total	104	73(70.21%)
Quadro 2a 42.47%.	espectáculos	que as mulheres tinham a prevalência mais elevada de 57,53% do que os homens

Tabela 2b. Distribuição dos parasitas gastrointestinais em função do género

Género	Não. examinada	Infetado	Toxocara canis	Ancilostoma caninum	Trichuris vulpis	Dipylidium caninum	Cystoisospora
Masculino	39	31(42.47%)	23(56.10%)	1(25.00%)	6(35.29%)	5(29.41%)	8(57.14%)
Feminino	65	42(57.53%)	18(43.90%)	3(75.00%)	11(64.71%)	12(70.59%)	6(42.86%)
Total	104	73	41	4	17	17	14

Qui-quadrado=1,658, valor de P= 0,198

A Tabela 2b mostra a distribuição dos parasitas gastrointestinais com base no género. Nos homens, o Cystoisospora teve a prevalência mais elevada de 57,145, seguido do Toxocaracanis com uma prevalência de 56,10%. Trichuris vulpis, Dipylidium caninum e Ancylostoma caninum tiveram uma prevalência de 35,29%, 29,41% e 25,00%, respetivamente. No que respeita às fêmeas, Ancylostoma caninum, Dipylidium caninum, Trichuris vulpis, Toxocaracanis e Cystoisospora tiveram uma prevalência de 75,00%, 70,59%, 64,71%, 43,90% e 42,80%, respetivamente.

Tabela 3. Taxas de prevalência geral da infeção por helmintos gastrointestinais em cães nas quatro comunidades.

ComunidadesNo. examinadasInfectadas	Não infetado
Atakpa2621 (80,77%)	5(19.23%)
Rua das palmeiras2616 (61,54%)	10(38.46%)
Atamunu2617 (65,38%)	9(34.62%)
Anantigha2619(73.08%)	7(26.92%)
Total10473 (70,19%)	31(29.81%)
Chi-square=0.808, P-value=0.848	
O quadro 3 mostra que das quatro comunidades amostradas,	A comunidade de Atakpa tinha a

A comunidade de Anantigha foi a que registou a prevalência mais elevada (80,77%), seguida da comunidade de Anantigha com uma prevalência de 73,08%, tendo a Palm Street a menor prevalência de 61,54%.

Tabela 4. Distribuição dos parasitas gastrointestinais com base nas classes de parasitas.

Comunidades	Infetado	Trematódeo	Trematódeo	whipworm	Cestode	cestode
Atakpa	21	Toxocara canis 11(26.83 %)	Ancylostoma caninum 4)100.00 %	Trichuris vulpis 7(41.18 %)	Dipylidium caninum 0	Cysto isospora 6(42.86%)
Rua das palmeiras	16	9(21.95%)	0	0	12(70.59 %)	0
Atamunu	17	13(31.71 %)	0	0	0	8(57.14%)
Antiga	19	8(19.51%)	0	10(58.82 %)	5(29.41 %)	0
Total	73	41	4	17	17	14

A Tabela 4 mostra a distribuição dos parasitas gastrointestinais encontrados nas quatro comunidades. Atamunu teve a maior prevalência de Toxocaracani com uma percentagem de 31,71%, seguida de Atakpa com uma prevalência de 26,83%. Palm street e Anantigha tinham 21,95% e 19,51% de prevalência de Toxocaracani, respetivamente.

Ancylostoma caninum foi encontrado apenas na comunidade de Atakpa, com uma prevalência de 100%. O Trichuris vulpis foi encontrado em duas comunidades, Atakpa e Anantigha, com uma prevalência de 41,18% e 58,82, respetivamente. O Dipylidium caninum foi encontrado em duas comunidades, Palm Street e Anantigha, com uma prevalência de 70,59% e 29,41%, respetivamente, e, por último, o Cystoisospora foi encontrado em Atakpa e Atamunu, com uma prevalência de 42,86% e 57,14%, respetivamente.

Imagens de alguns parasitas gastrointestinais encontrados em alguns cães

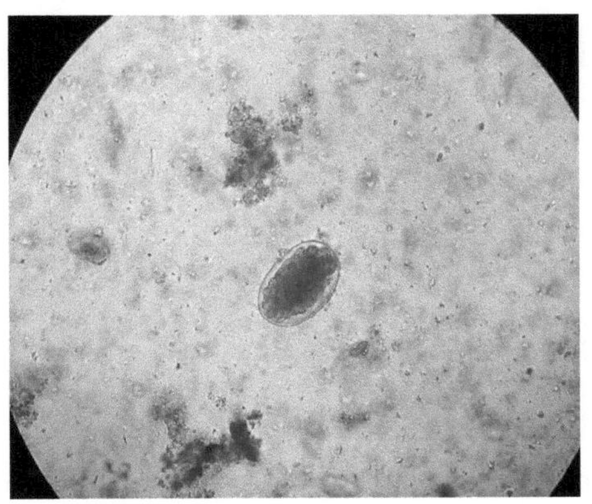

Placa 1: mostrando o ovo de Ancylostomaduodenale x40mg

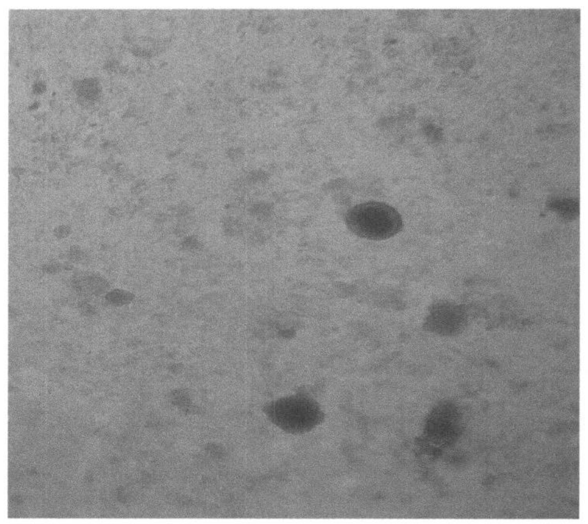

Placa 2: mostrando o ovo de Toxocaracanis x40mg

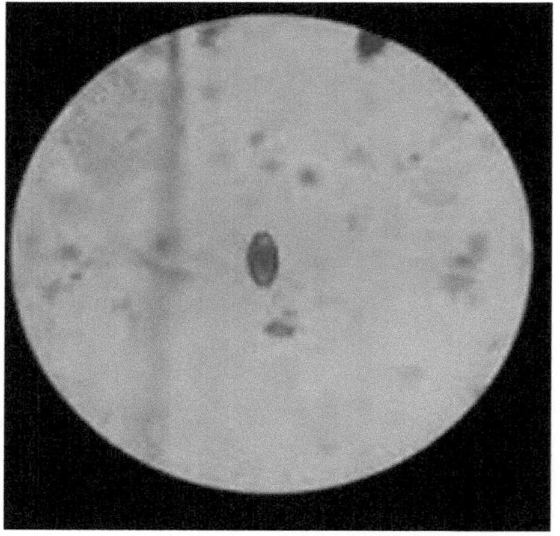

Placa 3: mostrando o ovo de Trichurisspp x40mg.

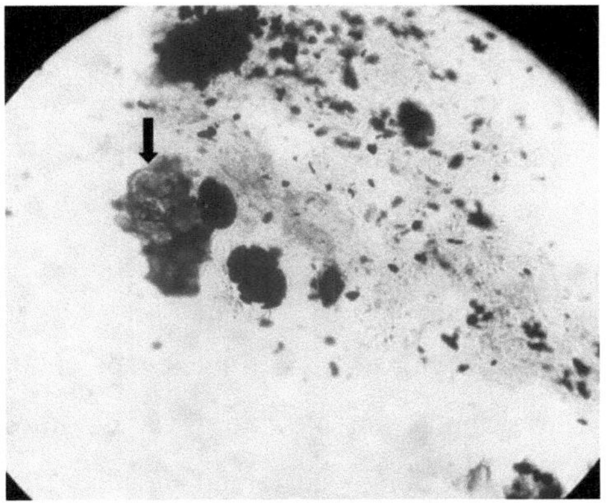

Placa 4: mostrando o óvulo de Dipylidium caninum x40mg

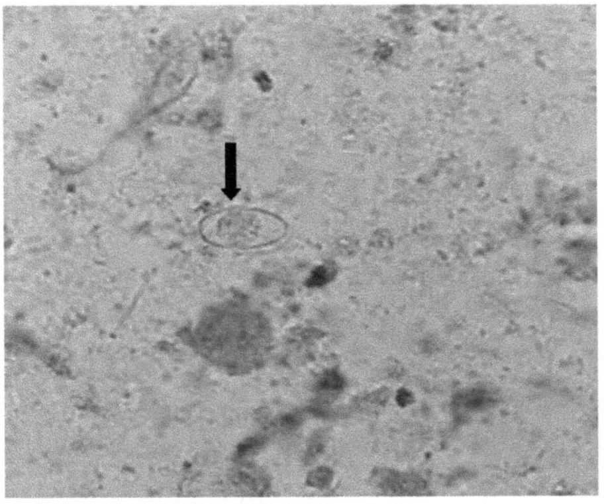

Placa 5: mostrando os oocistos de Cystoisospora x40mg

CAPÍTULO CINCO
DISCUSSÃO, CONCLUSÃO E RECOMENDAÇÃO

5.2 Discussão

A prevalência global de parasitas gastrointestinais obtida neste estudo foi de 80,95%, revelando um elevado nível de infeção que pode continuar a aumentar ao longo do tempo devido à falta de clínicas veterinárias funcionais para o tratamento de cães nas quatro comunidades. Este resultado alinha-se com o estudo de Ugochukwu e Ejimadu, (1985) que registou uma prevalência de 86,9%, a maior prevalência global de parasitas gastrointestinais de cães até agora registada na Nigéria.Este estudo discorda de alguns estudos efectuados na Nigéria e noutras partes do mundo que revelaram prevalências mais baixas de parasitas intestinais em cães "bem tratados", assim, Sowemimo e Asaolu (2008) registaram uma prevalência global de 24,7% em 959 cães examinados em duas clínicas veterinárias em Ibadan, Estado de Oyo, Nigéria, enquanto na Venezuela, Ramirez-Barrios et al. (2004) registaram uma prevalência global de 35,5% em 614 cães.

O resultado deste estudo é semelhante à descoberta de Moro et al., (2019), que relatou 64,71% de prevalência, Armstrong et al.,(2018) que relatou 60,53% de taxa de prevalência e Umoh e Asake (2016) que relataram 83% de prevalência na área de Zaria.Iman teve a maior prevalência de 90,48%, seguido por Ambo com prevalência de

85,71%. Idana teve uma prevalência de 76,19% e, por último, Jebbs com uma prevalência mínima de 71,43%. Assim, observou-se que a distribuição e a prevalência destes parasitas diferem ligeiramente de uma área de estudo para outra. Os resultados deste estudo também mostraram que a prevalência de parasitas gastrointestinais em cães de canis também é alta. Portanto, isso está em desacordo com os resultados de estudos anteriores (Pandeyet al.,2014, Martinez-Moreno et al., 2007). Afirmando que a elevada prevalência registada em cães de rua pode dever-se à falta de medidas de controlo sanitário e também aos seus hábitos de limpeza, que os expõem mais a infecções naturais do que os cães de canil. Neste estudo, a elevada prevalência pode ser o resultado de más condições sanitárias, sobrelotação e desparasitação insuficiente e medidas preventivas.

As cadelas foram mais infectadas, com uma prevalência de 81,63%, do que os cães machos, com 80%. Este resultado está de acordo com um estudo anterior realizado na Nigéria (Idowu et al.,2017). Os parasitas gastrointestinais são os principais parasitas susceptíveis de representar riscos para a saúde pública, porque são responsáveis por causar doenças humanas, como a larva migrans visceral (LMV) e a larva migrans cutânea (LMC) ou a enterite eosinofílica, respetivamente. Por conseguinte, as elevadas prevalências destes parasitas zoonóticos constituem uma ameaça para as pessoas que vivem na zona. O resultado deste estudo mostra que as cadelas foram mais infectadas do que os machos. Este resultado é semelhante ao estudo de Asano et al., (2011), que registou uma taxa de prevalência de (65,38%) em comparação com os cães machos (55,10%).

A prevalência de parasitas gastrointestinais com base na comunidade mostra que Ambo tinha a prevalência mais elevada de Toxocaracanis, com uma percentagem de 72,22%, seguida de Jebbs, com uma prevalência de 60%. Iman e Idana apresentaram uma prevalência de Toxocaracanis de 47,37% e 43,75%, respetivamente. A elevada prevalência de Toxocaracanis pode ser o resultado de uma questão multifacetada resultante da contaminação ambiental com ovos de T. canis resistentes, juntamente com a proximidade e a sobrelotação dos canis, tendo sido o único parasita gastrointestinal presente nas quatro comunidades. O Ancylostoma caninum foi encontrado apenas na comunidade de Idana, com uma prevalência de 18,75%. Este estudo identificou A. caninum como a única espécie de Ancylostoma, ao contrário de Satyal et al. (2013), que identificaram cinco espécies diferentes de Ancylostoma em 98 amostras positivas. A elevada prevalência de Ancylostoma neste estudo e noutros estudos semelhantes pode dever-se ao modo de transmissão destes parasitas entre cães, que é geralmente por penetração direta da pele do cão pela forma de larva. Isto faz com que a transmissão seja fácil e rápida dentro da população canina (Thompson et al., 2015).A elevada prevalência de Toxocaracanis e A. caninum neste estudo é motivo de preocupação porque a investigação demonstrou que este helminto pode causar enterite eosinofílica humana (Prociv e Croese, 2015).Trichuris vulpisfoi encontrado em duas comunidades, Idana e Iman, com prevalência de 25% e 31,58%, respetivamente. As sinfecções por Trichuris vulpi ocorrem como resultado da ingestão de solo ou fezes contaminados, falta de saneamento e higiene, frequência de áreas contaminadas, interação com cães infectados e sistema imunitário imaturo ou comprometido. O Dipylidium caninum foi encontrado em duas comunidades, Ambo e Iman, com uma prevalência de 27,78% e 21,05%, respetivamente, e, por último, o Cystoisospora foi encontrado em Idana e Jebbs, com uma prevalência de 12,50% e 40%, respetivamente.

5.2 CONCLUSÃO/RECOMENDAÇÃO

Os resultados deste estudo mostraram que os parasitas isolados nas fezes dos cães de canil nas amostras examinadas albergam parasitas gastrointestinais e demonstraram que 70,20% estavam infectados com parasitas gastrointestinais. Ancylostoma caninum e Toxocaracanis foram os parasitas gastrointestinais mais prevalentes entre as quatro comunidades. Nas 104 amostras recolhidas nas quatro comunidades, as cadelas estavam mais infectadas do que os machos e a comunidade de Atakpa apresentou a prevalência mais elevada de 80,77%.Os donos dos cães devem ser informados sobre a existência de parasitas gastrointestinais e as suas implicações para a saúde pública. Os cães devem ser presos com correntes em casas sem vedação para evitar a poluição fecal indiscriminada de locais públicos.

REFERÊNCIAS

Adamu, B., Adamu, Y. e Salisu, L., (2012). Prevalência de ecto, endo e hemoparasitas em cães abatidos em Maiduguri, Nigéria. Revue de médecinevétérinaire. 4(163):178-182. Adejoke, O.N., (2005). prevalência de parasitas intestinais de cães em Lagos, Nigéria Paquistão.
Jornal de investigação científica e industrial. 48(4); 279-283.

Arene, F.O., (2004) Prevalência de toxocaríase e equinococose em cães no Delta do Níger. Jornal de Medicina Tropical e Higiene Vol. 87, 207- 209

Asanga, E., UsohItoro, J., Theophilus, E. e Udoh I., (2014). Parasitas gastrointestinais, taxa de incidência e prevalência entre cães na área do governo local de Ibiono Ibom, estado de Akwa Ibom, Nigéria. Jornal de Parasitologia Aplicada. 2(1): 289-291.

Armstrong, O., Anosike, C., Nkem, N. e Payne, K., (2018). A ecologia dos nemátodos parasitas animais em áreas endémicas de Jos, Nigéria. Jornal de Parasitologia Aplicada. 34, 131- 137

Anosike, I., Basu, K. e El-Yuguda, D., (2019). Prevalência de infeção hemoparasitária canina em Maiduguri, Estado de Borno, Nigéria. Jornal Internacional de Saúde Animal, 33: 131- 132.

Asano, K., Suzuki, K. e Asano, R., (2011). Prevalência de parasitas intestinais em cães na Região da Capital Nacional do Japão. Journal of Animal and veterinary Advances. 20 :2666- 2668.

Cheesbrough M. (2002). District Laboratory Practice in Tropical countries. Parte 2: Cambridge University Press. Edinburgh building, Cambridge CBZ ZRU, UK. 136-142, 320-329.

Christopher, O., Raphael O. e Ikwe, A., (2015). Carga de parasitas gastrointestinais zoonóticos de cães locais em Zaria, norte da Nigéria. Implicações para a saúde humana. Revista Internacional de Saúde Única. 1:32-36.

Dada, B., Adegboye, S. e Mohammed, A., (2019). Uma pesquisa de parasitas helmintos gastrointestinais de cães vadios em Zaria, Nigéria. Registos Veterinários. 104, 145- 146.

Eguia-Aguilar, P., Cruz-Reyes, A. e Martinez-Maya, J., (2015). Análise ecológica e descrição dos helmintos intestinais presentes em cães no México.Veterinary Parasitology. 127, 139- 146.

Ezema, K., Malgwi, M., Zango, F., Kyari, S., Tukur, A., Mohammed, B. e Kayeri, K., (2019). Parasitas gastrointestinais de cães (Canis familiaris) em Maiduguri, Estado de Borno, Nordeste da Nigéria. "Factores de risco e implicações zoonóticas para a saúde humana". Veterinary World. 7, 12, 1150-1153,

Iboh C., Ajang R. e Abraham J., (2020). Comparação de helmintos gastrointestinais em cães e sensibilização para a infeção zoonótica entre os proprietários de cães em Calabar, Sudeste da Nigéria. Jornal Africano de Investigação Parasitológica. 2 (1), 041-045.

Idowu, L., Okon, E., e Dipeolu,O., (2017). Uma análise de três anos de doenças parasitárias de cães e gatos em Ibadan, Nigéria. Boletim da Saúde e Produção Animal em África 25, 166- 170.

Idikaa, I., Onuoraha, C., Obia, P., Umeakuanac,d, O., Nwosua, D. e Onaha, C., (2017). Prevalência de infecções por helmintos gastrointestinais de cães no estado de Enugu, sudeste da Nigéria". Parasite Epidemiology and Control, 2, 97-104.

Katagiri, K., Asaolu, S. e Yacob, H., (2008). Estudos sobre a prevalência de Helmintos gastrointestinais de cães em Zaria, Nigéria. Jornal Internacional de Zoonoses. 12, 214-218.

Mahmud, A., Magaji, A., Yakubu, Y., Salihu, D., Lawal, D., Mahmud, U., Suleiman,N. e Danmaigoro, A., (2012). Prevalência de parasitas intestinais em cães abatidos na área do mercado de Mami, Sokoto, Nigéria. Revista Científica de Ciência Animal. 1(3) 126-130.

Martinez-Moreno, J., Hernandez, S., Lopez-Cobos, E., Becerra, C. e Acosta, I., (2007). Estimativa de parasitas intestinais caninos em Córdoba (Espanha) e seu risco para a saúde pública. Parasitologia Veterinária. 143, 7 - 13.

Mbaya, W., Aliyu, M., Nwosu, C.O., Ibrahim, U., e Shallanguwa, M., (2008). Um estudo retrospetivo de dez anos sobre a prevalência de infecções parasitárias em cães no Hospital de Ensino Veterinário da Universidade de Maiduguri, Nigéria. Jornal Veterinário Nigeriano. 29 (2), 31-36.

Minaar, N., Krecek, R. e Fourie, J., (2022). Helmintos em cães de uma comunidade periurbana com recursos limitados na província de Free State, África do Sul. Veterinary Parasitology. 107, 343- 349.

Mukaratirwa, S. e Singh, V., (2010). Prevalência de parasitas gastrointestinais em cães vadios apreendidos pela sociedade para a prevenção da crueldade contra os animais (SPCA), Durban e Coast, África do Sul. Jornal da Associação Veterinária da África do Sul. 8(2):123-125.

Moro, E., Overgaauw, A. e Boersema, H., (2008). Um estudo das infecções por Toxocara em colónias de criação de gatos nos Países Baixos. Veterinary survey. 20, 9-11.

Nash, T. E., (2011). Os objectivos dos parasitas gastrointestinais e o desenvolvimento de um melhor tratamento para a neurocisticercose. Jornal da Associação Veterinária da África do Sul, 9 (3):81-85.

Okoye, C., Obiezue, R., Okorie, E. e Ofoezie, E., (2011). Epidemiologia dos helmintas intestinais em cães vadios de mercados do sudeste da Nigéria. Journal of Helminthology. 85 (4), 415-420.

Onyenwe, W. e Ikpegbu, E., (2014). Prevalência de parasitas de helmintos gastrointestinais (GIHP) de cães apresentados no Hospital de Ensino Veterinário da Universidade da Nigéria (UNVTH) entre 1994 e 2002, Nigerian Veterinary Journal. 25(1), 21- 25.

Odeniran, P. O. e Ademola, I. O. (2013). Prevalência de helmintos gastrointestinais zoonóticos em cães e conhecimento do risco de infeção por proprietários de cães em Ibadan, Nigéria. National Veterinary Journal. 34(3)851-858

Pandey, I., Mateus, A. Castro, J. e Ribeiro, M., (2014). Múltiplos Parasitas Zoonóticos Identificados em Fezes de Cães Recolhidas em Ponte de Lima, Portugal-Uma Potencial Ameaça à Saúde Humana," InternationalJournalof Environmental Resource Public Health. 11, 9050-9067.

Prociv, E. e J. Croese, J., (2015). Enterite eosinofílica humana

causada por ancilóstomo de cão
Ancylostoma caninum," Lancet,. 8701, 1299-302.
Ramirez-Barrios, A., Barboza-Mena, G., Munoz, J., Angulo-Cubillan, F., Henandez, E., Gonzalez, F. e Escalona, F., (2014). Prevalência de parasitas intestinais em cães sob cuidados veterinários em Maracaibo, Venezuela. Parasitologia Veterinária. 121, 11 - 20.
Satyal, S., Manandhar, S., Dhakal, R., Mahato, S., e Pandeya, R., (2013). Prevalência de helmintos zoonóticos gastrointestinais em cães de Kathmandu, Nepal", International Journal of Infectious Microbiology. 2, 3. 91-94.
Sowemimo, O. e Asaolu, S., (2008). Epidemiologia dos helmintas parasitas intestinais de cães em Ibadan, Nigéria. Journal of Helminthology.82, 89 - 93.
Sowemimo, O.A., (2017). Prevalência e intensidade de Toxocaracanis (Werner, 1782) em cães e sua potencial importância para a saúde pública em Ile-Ife, Nigéria. Journal of Helminthology. 81, 433- 438.
Tenguria, K., Khan, N., Quereshi, S. e Pandey, A., (2011). Estudo epidemiológico do Complexo Zoonótico da Tuberculose no mundo.Journal of Science and Technology. 1(3), 31-56.
Thompson, D.E., Bundy, D.A., Cooper, S. e Schantz, P.M., (2015). Caraterísticas epidemiológicas da infeção zoonótica Toxocaracanis de crianças em uma comunidade do Caribe. Bula. Organização Mundial da Saúde. 64, 283-290.
Ugbomoiko, S., Ariza L. e Heukelbach, J., (2018). Parasitas de importância para a saúde humana em cães nigerianos: alta prevalência

e conhecimento limitado dos donos de animais. Investigação Biomédica Veterinária. (4): 49.

Ugochukwu, E.I. &Ejimadu, K.N. (1985) Studies on the prevalence of gastrointestinal helminths of dogs in Calabar, Nigeria. International Journal of Zoonoses 12, 214-218.

Umoh, F. e Asake, W., (2016). O papel dos animais de companhia no surgimento de zoonoses parasitárias. Revista Internacional de Parasitologia. 30, 1369-1377

Yacob, T., Ayelet, T., Fikru R. e Basu K., (2007). Nemátodos gastrointestinais em cães de zeit.Ethiopia Veterinary parasitology. 148, 144- 48.

ÍNDICE DE CONTEÚDOS

Printed by Books on Demand GmbH, Norderstedt / Germany